LISTE

DE

QUELQUES PLANTES RÉCOLTÉES EN ALGÉRIE

(PROVINCE D'ORAN)

Comparées avec les espèces similaires qui croissent en France

Par Ernest de BERGEVIN

Extrait du *Bulletin de la Société des Amis des Sciences naturelles de Rouen* (année 1893, 2e semestre)

ROUEN
IMPRIMERIE JULIEN LECERF
1894

LISTE

DE

QUELQUES PLANTES RÉCOLTÉES EN ALGÉRIE

(PROVINCE D'ORAN)

Comparées avec les espèces similaires qui croissent en France

Par Ernest de BERGEVIN

En donnant cette liste, je n'ai pas la prétention d'apporter des documents nouveaux à la flore d'Algérie, si bien étudiée par les Cosson, les Durand, les Clauson, les Pomel, les Bonnet[1], etc., et sur laquelle MM. Battendier et Trabut ont publié des travaux si complets.

Mon but est simplement d'attirer l'attention des botanistes sur les rapports qui existent entre la végétation des deux bassins méditerranéens français et algérien.

Un grand nombre de nos espèces de l'Ouest et du Midi se retrouvent en Algérie : Aussi est-on tout étonné, en débarquant sur la terre africaine, que l'on pourrait croire gratifiée d'une végétation toute spéciale, de se retrouver, au point de vue botanique, en véritable pays de connaissance.

Néanmoins, ces espèces, quoique souvent manifestement les mêmes, présentent respectivement, de chaque côté de la Méditerranée, des différences, des modifications assez sensibles, pour qu'il soit intéressant de les signaler ; certaines même ont tellement changé d'aspect, que l'on a dû en faire des variétés, et quelquefois des sous-espèces ou des espèces distinctes.

1. *D'Aïn-Sefra à Djenien-Bou-Resq, voyage botanique dans le sud oranais*, par Ed. Bonnet et P. Maury. (*Journal de Botanique*, 1er et 16 septembre 1888.)

Dans une petite brochure intitulée : *D'Oran à Mecheria : Notes botaniques et catalogue des plantes remarquables* (Alger, 1887, Adolphe Jourdan, éd.), M. le Docteur Trabut a donné, sur la topographie et la géographie botaniques de la province d'Oran, des renseignements assez substantiels pour qu'il me soit inutile d'y revenir ici[1]. Qu'il me suffise de rappeler qu'au point de vue botanique, on a l'habitude de distinguer, du Nord au Sud, les régions suivantes :

Le Tell maritime ;

Le Tell intérieur, appelé aussi Bled ;

Les Hauts plateaux, qui se divisent en *Hauts plateaux proprement dits* et *Steppes désertiques ;* cette dernière subdivision, que l'on désigne quelquefois sous le nom *de petit Sahara*, enclave, avec *les Chotts*, *la région désertique*.

Enfin, *une région montagneuse*, qui commence au Sud *des Chotts*, vers *Mecheria*, et va mourir sur les bords du désert même, du grand Sahara.

Il est bon d'indiquer que, dans certains points de la région montagneuse, le désert se fait pressentir déjà. Tel le Ksar si curieux d'*Aïn-Sefra*, que vient battre une immense dune de sable de plusieurs kilomètres de large, et où l'on retrouve tous les caractères de la végétation saharienne ; telle aussi, à 16 kilomètres d'*Aïn-Sefra*, la délicieuse oasis de *Thyout*, dont les palmiers se dressent au milieu des rochers et du sable rose. Cette oasis et le Ksar dont elle dépend sont perdus dans la montagne. Un cours d'eau, semé sur les deux rives de figuiers et de lauriers roses, fait naître la vie et le mouvement au milieu de ces palmiers superbes, qui sans lui sembleraient pétrifiés comme le désert rocheux qui leur sert de cadre. Je ne saurais trop engager les botanistes qui exploreront le sud oranais à faire l'excursion d'Aïn-

1. Consulter également : *D'Aïn-Sefra à Djenien-Bou-Resq*, *voyage botanique dans le sud oranais*, par Ed. Bonnet et P. Maury (Extrait du *Journal de Botanique*, 1er et 16 septembre 1888), chez Paul Klincksieck.

Sefra à Thyout : elle n'offre pas grand danger ; en revanche, elle procure, avec de véritables jouissances scientifiques, le spectacle du Beau dans la Nature. Quant à la région qui s'étend entre les Moghrards et le Figuig, elle n'est pas toujours sûre, et à certains moments, quand bouillonnent les cerveaux arabes, on court le risque d'y laisser la tête, la décapitation des *Ns'âra* (Nazaréens) étant très en honneur dans ces parages.

Les quelques plantes dont la liste va suivre ont été récoltées un peu partout dans chacune des divisions botaniques que je viens d'indiquer.

Je fais remarquer, en passant, que la majorité des espèces qui sont communes aux deux bassins français et africain ne se rencontrent guère que jusqu'à la limite des Hauts plateaux, ou au moins ne dépassent pas de beaucoup la limite des Hauts plateaux proprement dits. Dans cette région, en effet, d'énormes espaces sont occupés par l'*Artemisia herba alba* Asso., *A. aragonensis* Lam., qui est indiquée dans le Midi de la France.

A partir de *Saïda* jusqu'à *Mecheria*, les plaines succèdent aux plaines pendant des journées entières de marche, et la végétation, bien qu'abondante, y est relativement peu variée. Les étendues d'Alfa font suite aux étendues de *Senok* ou *El Senga* (*Lygeum spartum* L.) ; puis viennent des déserts d'Armoise (*Artemisia aragonensis* Lam., *A. herba alba* Asso.). Ces trois espèces dominent de beaucoup dans la région des Hauts plateaux, qu'à première vue elles semblent se partager à elles seules, alternant leurs stations et les confondant peu ou point, au moins dans la région oranaise que j'ai parcourue. Ce n'est qu'en cherchant bien que l'on rencontre quelques autres espèces disséminées çà et là.

Qu'il me soit permis de noter ici, en passant, un fait qui n'est pas d'ordre botanique, mais qui, au point de vue optique, est peut-être intéressant. Il s'agit du mirage, phénomène que j'ai observé dans les plaines d'Armoise, alors qu'il n'existait pas dans les étendues occupées par les graminées *Alfa* ou

Lygeum. Cela se comprend facilement : L'*Artemisia herba alba* est couverte d'une pubescence argentée brillante, susceptible de réfracter les rayons solaires, alors que les graminées sont mates et en touffes plus espacées.

Le mirage des Armoises est cependant moins accentué que celui des sables, et ne se présente pas tout à fait de la même manière.

L'illusion consiste à voir devant soi, à 50, 100, ou 200 mètres, suivant les replis du terrain et l'intensité du soleil, des lagunes, des étangs, des lacs, formant une longue bande horizontale toujours étroite, et présentant sur la rive opposée à celle où l'on est censé se trouver, des arbres de haute futaie serrés et touffus, dont on ne voit que le sommet. Cette forme de mirage m'a paru constante dans les Armoises.

Dans les sables, au contraire, les spectacles sont très-variés ; ce sont d'immenses nappes d'eau, d'une eau très-limpide en apparence, où se reflètent des rochers aux formes bizarres, simulant tantôt des falaises au bord de la mer, tantôt des villes, des ports, où il ne manque que les navires, et toujours de l'eau à perte de vue. Au point qu'à certains moments, je me demandais si mon cerveau, surchauffé par un soleil de plomb, ne jouait pas un rôle dans ces visions. Mais en questionnant mes compagnons de route, je me suis assuré qu'ils étaient victimes des mêmes illusions que moi, et que le phénomène était purement objectif.

A partir de Mecheria, la région devient montagneuse. Le poste de Mecheria lui-même est adossé à une montagne superbe, qui se dresse brusquement dans la plaine : c'est le *Djebel Antar*, que je n'ai malheureusement pas pu explorer.

De ce poste jusqu'à celui d'*Aïn-Sefra*, la montagne s'accuse de plus en plus. Ce *Ksar* est assis au pied des *Djebel* Mekter et Aïssa. J'ai pu visiter cette région grâce à l'obligeance et à l'amabilité des officiers de la redoute. J'y ai rencontré quelques espèces communes aux deux bassins : entre autres une composée, *Pulicaria sicula* Moris, qui croît aux bords de l'*Oued-Sefra* et près de la source qui alimente l'oasis de Thyout; et une graminée, *Imperata cylindrica* Coss., dont les souches élégantes ornent les sables de l'*Oued-Sefra* à *Aïn-Sefra* même.

Je donne d'ailleurs, sans autre préambule, la liste des principales espèces que j'ai pu rapporter de cette exploration.

J'ai fait précéder d'un astérisque (*) celles qui croissent de part et d'autre du bassin méditerranéen. Les autres sont, je ne dis pas exclusivement propres à l'Algérie, mais n'ont pas, à ma connaissance, été indiquées comme spontanées dans le bassin français.

Je m'arrêterai, en passant, sur celles des espèces communes ou non aux deux bassins qui m'auront paru présenter quelque intérêt.

RENONCULACÉES.

Adonis microcarpa D.C. var. *dentata* Delile (Flore d'Egypte). — Plateau de Sidi-Daho, près Mascara ; juin 1891.

Nigella intermedia Cosson. — Brousse aux environs d'Aïn-el-Hadid, non loin de Frendah ; juin 1891.

Cette plante, qui appartient à la tribu des *Nigellaria* (Nigelles à carpelles uniloculaires et à fleurs dépourvues d'involucre), relie la forme type *N. arvensis* à une autre forme que l'on peut classer également comme type : *N. hispanica.* Cette dernière espèce paraît être, dans la région méditerranéenne, la plus forte expression de la tribu. Pour y arriver, le premier type passe par la forme *N. Cossoniana* Ball., et la forme *N. intermedia* Cosson, remarquable par ses rameaux vigoureux et dressés ; ses fleurs restent néanmoins petites, si on les compare à celles du *N. hispanica.* C'est donc dans le bassin africain que le champ d'évolutions de cette espèce est le plus large ; chez nous, ce champ étant beaucoup plus restreint, ses formes s'en ressentent et sont bien moins accusées.

FUMARIACÉES.

* **Fumaria spicata** L. — Vigne près du sommet du Djebel-Chougran, au poste optique de Mascara ; juin 1891.

Cette espèce offre un exemple intéressant des modifications subies en Afrique par nos espèces indigènes. Le *fumaria spicata* croît également de part et d'autre de la Méditerranée. Tant qu'il reste dans la limite des deux bassins, ses caractères demeurent sensiblement les mêmes, sauf une petite différence dans la coloration des fleurs, avec la variété africaine *ochroleuca* Lange ; mais dès qu'il franchit cette limite du côté du Sud, des modifications notables tendent à se manifester : les tiges passent à l'état décombant, les feuilles sont divariquées et plus longues ; en un mot, les organes végétatifs, tant feuilles que rameaux, perdent un peu de la contracture spéciale à la forme type. Les fleurs acquièrent des dimensions plus considérables, un tiers environ ; les graines, de chagrinées et ridées, deviennent lisses. Cette forme a été baptisée d'un nom spécial : c'est la variété *tenuilobus* Pomel (*Nouv. mat.*, p. 240). Le type est donc bien méditerranéen, tant africain que français ; la variété paraît essentiellement africaine ; elle commence vers Mascara et s'étend jusqu'à Mecheria, en passant par les Hauts plateaux, où on la rencontre assez fréquemment.

CRUCIFÈRES.

Moricandia patula Pomel. — Eboulis argileux dans les gorges du Djebel-Chougran, près Mascara ; juin 1891.

Cette espèce n'est, à proprement parler, qu'une sous-espèce du *Moricandia arvensis* D.C., que l'on a pris pour type, probablement parce que nos représentants français ont servi d'étalon aux premières descriptions, et que, chez nous, où il est fort rare, il ne varie pas ou presque pas. Mais, si l'on passe la Méditerranée, il en est tout autrement : en Algérie, le genre *Moricandia*, tant dans sa tribu *Pseudoerucaria*, que dans son autre tribu *Eumoricandia*, et surtout dans cette dernière, subit des modifications telles, qu'il est souvent très-difficile de délimiter les espèces.

Chez nous, on n'en trouve guère de représentants que sur le littoral, principalement aux environs de Marseille ; en Algérie, il s'étend depuis le Tell jusqu'au désert. On le rencontre au Sig, à Relizane, aux bords des Oued, dans les montagnes, où je l'ai récolté moi-même, sur les Hauts plateaux et dans le Sahara. Il est évident qu'avec des habitats aussi divers, cette plante doit forcément subir des modifications correspondantes : les plus accentuées se trouvent dans l'extrême Sud, à Biskra, Laghouat, Ouargla et le désert, pour la tribu des *Pseudoeruicaria*. Alors on voit les feuilles se diviser en segments linéaires, de manière à ne présenter aux radiations solaires que des surfaces très-réduites ; c'est le cas des *M. Tourneuxii* Coss., *teretifolia* D.C. et *cinerea* Coss.

Dans les régions un peu moins chaudes, avec la tribu *Eumoricandia*, les feuilles restent entières ou à peu près, mais elles sont glauques et charnues. Si l'on descend vers le Sud, ou si l'on rencontre un plateau sans abri exposé aux ardeurs du jour éclatant, la plante devient ligneuse ou même épineuse, comme le *M. alypifolia* Pomel, et *M. spinosa* Pomel, qui croît à Ghardaia, Metlili, El-Goleah ; les siliques s'allongent, s'élargissent ou se rétrécissent, forçant les graines, comme dans le *M. patula*, à se mettre sur un rang, à devenir unisériées ; les feuilles changent de forme, sont pétiolées, embrassantes, entières ou dentées. Ces modifications ne peuvent s'énumérer toutes.

On voit donc que si l'on veut se rendre compte de la puissance évolutive du genre *Moricandia*, ce n'est pas en France, où il n'est représenté que par une seule espèce à peu près immobile, qu'il faut l'étudier ; c'est en Algérie, où non-seulement le *M. arvensis*, mais le genre tout entier, subit de grandes modifications.

Malcolmia arenaria R. Br. — Terrain sablonneux à Aïn-El-Hadid, près Frendah ; juin 1891.

* **Biscutella auriculata** L. — Terrain calcaire, chemin de traverse conduisant de Mascara à Saint-Hippolyte ; juin 1891.

Cette espèce, qui appartient aux deux bassins, semble s'équilibrer dans chacun d'eux. Ses principales modifications résident dans la disposition de la bordure membraneuse des silicules par rapport au style. En France, elles donnent la variété *emarginata* G.G. ; en Afrique, la variété *mauritanica* Jord. En somme, ces variations sont peu intéressantes. Notons cependant le *Biscutella brevi calcarata* Batt., qui semble en dériver, et qui est remarquable par la brièveté de son éperon calicinal, ainsi que par la dimension de ses silicules larges de 20 millimètres. Cette forme croît en Algérie, dans les lieux boisés.

CISTINÉES.

Helianthemum salicifolium Pers. var. *microcarpum* Willk. — Collines arides de Sidi-Daho, près Mascara ; mai 1891.

Cette variété est une modification, très-commune dans cette province, de notre type que l'on y rencontre plus rarement. D'ailleurs, les espèces du genre *Helianthemum* sont très-élastiques en Algérie. L'*H. salicifolium* fournit les variétés *microcarpa* Willk., *macrocarpa* Willk. et *brevipes* Coss. Cette dernière, la plus caractérisée, croît sur les montagnes arides du Sud oranais. Deux autres espèces *H. niloticum* Pers. et *H. intermedium* Thib., me paraissent en dériver. Les échantillons types que j'ai rencontrés diffèrent de nos spécimens du Midi de la France par un port plus vigoureux, des tiges ligneuses très-résistantes, une taille plus élevée.

L'*H. guttatum* varie à l'infini : on en compte une dizaine de formes susceptibles de recevoir un nom, et l'*H. echioides* Lamark., si remarquable par son inflorescence de borraginées, pourrait bien n'être qu'une expression très-accentuée de ces variations.

Helianthemum echioides Lamark. — Coteaux arides de Sidi-Daho, près Mascara ; mai 1891.

CARIOPHYLLÉES.

* **Lychnis caelirosa** D.C. — Coteaux arides et broussailles. Sidi-Daho, près Mascara ; mai 1891.

Dianthus Broteri Boiss. et Reut. var. *amaenus* Pomel. — Schistes avoisinant l'oasis de Thyout, près d'Aïn-Sefra ; juin 1891.

MALVACÉES.

Althæa longiflora Boiss. et Reut. — Terrain sablonneux à Aïn-El-Hadid ; piste conduisant à Frendah ; juin 1891.

* **Lavatera olbia** L. — Gorges du Djebel-Chougran, près Mascara ; juin 1891.

Notre plante, que l'on retrouve aussi en Corse, ne diffère pas sensiblement des spécimens algériens, qui, eux-mêmes, ne subissent que des variations très-légères, résidant surtout dans l'*indumentum* plus ou moins abondant des organes végétatifs.

HYPERICINÉES.

* **Hypericum tomentosum** L. — Lieux humides à Kacherou et à Frendah ; juin 1891.

On le rencontre assez fréquemment dans les lieux humides de notre Midi, où il n'offre pas de variations appréciables. Ses tendances à évoluer se manifestent davantage dans l'autre bassin, où il donne la forme tardive *racemosum* Batt. et Trab., et la forme *palustre* Batt. et Trab., qui paraît être le *summum* de l'espèce comme vigueur et dimension. Il faut noter aussi l'*H. pubescens* Boissier, forme des lieux plus chauds et plus secs, sous l'influence desquels son *tomentum* se transforme en laine.

RUTACÉES.

Peganum harmala Desf. — Terres arides, désertes et exposées au soleil, entre Aïn-Guergour et Tagremaret ; juin 1891.

L'aire de cette plante est fort étendue. On la trouve dans les vallées très-chaudes du Nord de la province, aussi bien que dans les steppes des Hauts plateaux et dans le grand désert lui-même. C'est le *Harmel* des Arabes.

Fagonia glutinosa Delisle. — Creux d'un rocher, dans le sable, oasis de Thyout, près Aïn-Sefra ; juin 1891.

PAPILIONACÉES.

* **Ononis viscosa** L. — Terres sablonneuses, Aïn-El-Hadid ; juin 1891.

* **Melitotus parviflora** Desf. — Lieux ombragés et humides dans la vallée d'Aïn-Guergour ; juin 1891. Beaucoup plus commun en Algérie qu'en France, et aussi plus vigoureux.

Ebenus pinnata Desf. — Terres arides et sèches aux environs de Mascara, flancs du Djebel-Chougran, route de Tiaret ; juin 1891.

* **Psoralea bitumosa** L. — Terres sèches aux environs de Mascara ; juin 1891.

Susceptible de devenir très-vigoureux en Afrique avec la variété *latifolia* Batt. et Trab.

* **Hedysarum pallidum** Desf. — Mont Santa-Cruz, près Oran ; mai 1891.

* **Hedysarum capitatum** L. — Terres arides à Sidi-Daho, près Mascara ; juin 1891.

Le genre *Hedysarum* est beaucoup plus richement représenté en Afrique qu'en France, où les espèces sont peu nombreuses et généralement de petite taille. En Algérie, on peut en compter une vingtaine d'espèces et de sous-espèces, dont quelques-unes très-puissantes, telles que les *H. Perraudieranum* Cosson., *pallidum* Desf., *mauritanicum* Pomel, etc.

Astragalus caprinus Desf. — Terres arides, Sidi-Daho, près Mascara ; juin 1891.

* **Coronilla scorpioïdes** K. — Collines sèches, route de Mascara à Saint-André ; juin 1891.

* **Coronilla juncea** L. — Terres sèches, entre les portes de Tiaret et de Mostaganem, environs de Mascara ; juin 1891.

Cette espèce semble rencontrer des conditions plus favorables à son développement à mesure qu'elle avance vers le Sud. J'ai trouvé le type plus beau en Algérie qu'en France ; mais si l'on descend jusqu'au Sud oranais, on y rencontre la variété *Pomelii* plus puissante encore et donnant des gousses et des graines deux fois environ plus longues que le type.

* **Hippocrepis unisiliquosa** L. — Collines sèches, route de Mascara à Saint-André ; mai 1891.

* **Scorpiurus sulcata** L. — Terres argileuses dans le massif du Djebel-Chougran, près Mascara; mai 1891.

Caractères un peu plus variables en Algérie où les gousses sont aiguillonnées, muriquées ou glabres.

Retama sphaerocarpa Boiss. — Sables dans la vallée de l'Oued-Sefra (sud oranais); juin 1891.

Je note, en passant, une particularité intéressante de cette plante. Aussitôt la floraison accomplie, ses feuilles, qui sont d'ailleurs très-peu nombreuses, commencent à tomber, de manière à diminuer les surfaces d'évaporation, en même temps que la fonction chlorophyllienne. Le *Retama sphaerocarpa* est une des rares plantes de la région désertique qui ne soit pas protégée contre les radiations solaires par un *tomentum* épais, la lignification de ses éléments ou un développement considérable du parenchyme. Tant que dure la saison des pluies, elle peut vivre telle quelle; mais quand arrive la sécheresse, elle ne trouverait pas dans le sol les éléments compensateurs suffisants pour contrebalancer l'action des radiations incidentes; c'est alors qu'elle se débarrasse de ses surfaces d'évaporation, ne gardant pour pour ainsi dire que ses tiges, qui, vertes elles aussi, suffisent à assurer le fonctionnement général.

LYTHRACÉES.

Lythrum flexuosum Lag. — Lieux argileux, humides, bords des flaques d'eau et des ruisseaux. Plateau de Sidi-Daho, près Mascara; mai 1891.

* **Lythrum thymifolium** L. — Champs argileux, dépressions inondées l'hiver; Tizi, juin 1891.

* **Lythrum bibracteatum** Saiz. — Champs argileux, dépressions inondées l'hiver, Tizi; juin 1891.

PARONYCHIÉES.

* **Paronychia argentea** Lam. — Terrains secs et sablonneux, partout aux environs de Mascara ; mai 1891.

Les Arabes emploient en infusions les tiges, les feuilles et les fleurs de cette plante, qu'ils honorent du nom de thé. La boisson qu'ils obtiennent ainsi n'est vraiment pas désagréable, surtout lorsqu'elle a été aromatisée par les diverses essences dont les indigènes usent et abusent en toute occasion.

CRASSULACÉES.

Umbilicus horizontalis D.C. — Murs de pierres terreux, jardin de Mascara et route de Mascara au Djebel-Chougran, au sortir de Bab-Ali ; juin 1891.

Cette plante n'est, je crois, qu'une forme de notre *Umbilicus pendulinus*, dont les fleurs se sont relevées horizontalement pour diverses causes que je n'ai pas pu analyser.

* **Sedum caeruleum** Wahl. — Rochers sur la route d'Oran à Mascara ; juin 1891.

CACTÉES.

* **Cactus opuntia** L. — Mascara ; juin 1891.

Bien que parfaitement naturalisée en Algérie, cette plante est d'origine américaine et d'importation espagnole. Les Arabes l'utilisent de différentes manières. Ils en mangent les fruits, donnent les jeunes pousses aux bestiaux et se servent des individus adultes pour protéger leurs douars.

OMBELLIFÈRES.

Eleoselinum meoides Koch. — Plaines arides et dénudées, autour de Mascara ; juin 1891.

Thapsia garganica L. — Plaine d'Egrys, à Mascara, au milieu des *Chamaerops;* mai 1891.

Ridolphia segetum Moris. Fortassa: juin 1891. — Parmi les céréales, dans les champs que cette plante envahit parfois complètement, par suite de l'insouciance et de la négligence des indigènes. Elle arrive à couvrir des étendues immenses auxquelles elle donne une coloration jaune d'un très-bel effet.

Hippomaratrum crispatum Pomel. — Terres arides, exposées au soleil : sur quelques mamelons du Djebel-Chougran, et entre les routes de Tiaret et Mostaganem, près Mascara ; juin 1891.

Eryngium triquetrum Desf. — Mamelon aride et pierreux qui domine le champ de courses, Mascara : juin 1891.

Semble remplacer, en Algérie, l'*Eryngium Bourgati* des Pyrénées.

Eryngium ilicifolium Lam. — Rochers granitiques à Thyout (sud oranais) : juin 1891.

Eryngium tricuspidatum L. — Lieux ombragés du Santa-Cruz, à Oran ; mai 1891.

* **Buplevrum protractum** Lk. — Terrains en friche, parmi les blés aux environs de Mascara ; juin 1891.

RUBIACÉES.

Galium tenuifolium D.C. var. *abruptorum* Pomel. — Haies et talus, route de Mostaganem à Mascara; mai 1891.

Ce genre, très-variable en France, l'est encore beaucoup plus en Algérie. Il est à remarquer, néanmoins, qu'en Afrique il évolue presque exclusivement dans la région méditerranéenne ; il ne faut en excepter que deux ou trois espèces des rochers et des sables, que l'on retrouve dans le sud oranais ; tels sont : le *Galium petraeum* Coss. et le *Galium setaceum* Lam.

Asperula hirsuta Desf. — Flancs crayeux et arides du ravin blanc, Mascara ; mai 1891.

Très-jolie espèce qui ne croît pas en France, mais que l'on retrouve en Espagne.

VALÉRIANÉES.

* **Fedia cornucopiae** Gærtn. — Vallon et plateau herbeux de Sidi-Daho, près Mascara ; mai 1891.

Croît de part et d'autre de la Méditerranée, mais préfère de beaucoup le bassin algérien, où il est plus commun. D'ailleurs, ce genre est représenté chez nous par une seule espèce, alors qu'en Algérie on en compte quatre ou cinq. Ces plantes paraissent donc plutôt algériennes que françaises.

DIPSACÉES.

Scabiosa Monspeliensis L. — Ravin au bas de la descente d'Aïn-Guergour ; juin 1891.

COMPOSÉES.

Echinops strigosus L. — Bords des chemins et des champs aux environs de Mascara ; mai 1891.

Echinops spinosus L. — Haies et bords des champs, Mascara ; juin 1891.

Onopordon macracanthum Schousboë. — Terres arides et décombres, lieux incultes à Mascara ; juin 1891.

Magnifique espèce qui atteint jusqu'à deux mètres de

haut, et qui, à mon sens, n'est qu'une forme algérienne de notre *Onopordon illyricum* L., avec lequel elle a de grands rapports. Elle en diffère par ses dimensions générales qui sont un peu plus fortes, et principalement par ses organes reproducteurs : l'akène est plus vigoureux, et non-seulement strié, mais très-rugueux, et dépassé par l'aigrette de deux fois sa longueur.

* **Cirsium echinatum** Desf. — Bords des routes et talus, Mascara ; mai 1891.

Espèce française, dont la plus forte expression semble résider en Algérie avec le rare *Cirsium Kirbense* Pomel. Superbe plante qui atteint deux mètres de haut, et dont les capitules comptent sept et huit centimètres.

Notobasis Syriaca Coss. — Dans un champ, sur la route de Saint-Hippolyte, près Mascara ; juin 1891.

Espèce curieuse et intéressante, en ce sens qu'elle dérive évidemment des *Cirsium*, parmi lesquels on la range encore quelquefois, et dont elle a les caractères et l'aspect. Elle en diffère par la structure de ses akènes, qui sont lenticulaires et bossus d'un côté seulement, ce qui les force à s'insérer obliquement sur le réceptable. C'est une espèce de transition dont on a cru devoir faire un genre spécial, basé précisément sur le mode d'insertion des akènes. Je ne crois pas qu'elle ait été signalée en France, mais on la retrouve en Corse.

* **Cynara carduncułus** L. — Un seul spécimen dans un terrain inculte entre les routes de Tiaret et de Mostaganem, Mascara ; juin 1891.

Centaurea algeriensis Coss. et D.R. — Terrains arides, bords des pistes, Mascara ; mai 1891.

Centaurea eriophora L. — Lieux incultes, terres arides et exposées au soleil, bords des sentiers, Mascara ; juin 1891.

Centaurea acaulis Desf. — Talus des fossés, flancs des coteaux arides et graveleux, Mascara; mai 1891.

Centaurea nicaeensis All. — Lieux arides, bords des chemins, Mascara; mai 1891.

Centaurea ferox Desf. — Terrains arides et sablonneux, Perrégaux; mai 1891.

Centaurea sulfurea Willd. — Talus des routes, bords des chemins, terrains bien exposés, Mascara ; mai 1891.

Centaurea pungens Pomel. — Lieux sablonneux du sud oranais, dans les *Alfa*, entre Mecheria et Aïn-Sefra, vallée de l'Oued-Sefra; juin 1891.

* **Centaurea melitensis** L. — Coteaux pierreux et brûlés du soleil, route de Saint-Hippolyte, Mascara; 1891.

Le genre *Centaurea* est, en Algérie, d'une richesse extraordinaire. Les espèces varient à l'infini, les formes sont innombrables et les déterminations fort difficiles.

Carthamus calvus Batt. et Trab. — Flancs crayeux du ravin blanc, au-dessous de Sidi-Moueffack, Mascara; mai 1891.

Genre méditerranéen, qui comprend chez nous une ou deux espèces, si l'on y fait entrer le *Kentrophyllum coeruleum* Gren. Godr. En Algérie, le nombre en est un peu plus élevé, on en compte environ sept ou huit.

Microlonchus strictus Pomel. — Terrains sablonneux dans la brousse, avant d'arriver à Aïn-el-Hadid; juin 1891.

* **Atractylis cancellata** L. — Terrains arides entre les portes de Tiaret et de Mostaganem, Mascara; juin 1891.

Atractylis serratuloides Sieber. — Sur un rocher couvert de sable, aux environs de Thyout (sud oranais); juillet 1891.

Atractylis flava L., var. *glabrescens* Boiss. — Dans les sables de la vallée de l'Oued-Sefra (sud oranais); juin 1891.

Atractylis caespitosa Desf. — Lieux arides, plaine d'Egrys, à Mascara. Hauts plateaux et sud oranais, dans les *Alfa*, avec *Centaurea pungens;* juillet 1891.

Carlina involucrata Poiret. — Rochers schisteux, voisinage de Thyout (sud oranais) : juin 1891.

* **Pulicaria sicula** Moris. — Voisinage de la source à l'oasis de Thyout, bords de l'Oued-Sefra (sud oranais) ; juin 1891. Ne diffère pas sensiblement de notre espèce.

* **Micropus bombycinus** D.C. — Terres arides, desséchées aux environs de Mascara. Entre les routes de Tiaret et de Mostaganem.

Cette espèce est bien moins vigoureuse en France qu'en Algérie. Chez nous, elle ne dépasse guère sept à huit centimètres : les échantillons que j'ai récoltés en Afrique ne sont pas inférieurs à douze centimètres, et quelques-uns même atteignent quinze à vingt centimètres.

* **Asteriscus aquaticus** Mœnch. — Terres argileuses, inondées l'hiver, à Aïn-el-Hadid, non loin de la côte de Frendah : juin 1891.

* **Astericus maritimus** Mœnch. — Pelouses montueuses du côté de la mer, sur le Santa-Cruz, à Oran ; mai 1891.

* **Anacyclus clavatus** Pers. — Terres incultes d'Oran à Mascara : mai 1891.

* **Anacyclus radiatus** Lois. — Coteaux herbeux et incultes à Sidi-Daho, près Mascara ; juin 1891.

* **Phagnalon Tenorii** Presl. — Rochers et vieux murs sur le Santa-Cruz, à Oran ; mai 1891.

* **Phagnalon saxatile** Coss. — Rochers et vieux murs à Mascara, dans le jardin public; mai 1891.

* **Scolymus grandiflorus** Desf. — Talus, champs, bords des routes, route de Mascara à Saint-André; juin 1891.

Catananche lutea L. — Champs de céréales, bords des chemins de Bab-Ali au Djebel-Chougran, près Mascara; juin 1891.

Il existe au Muséum, dans l'herbier de France, un échantillon unique du *Catananche lutea*, donné par A.-P. de Candolle, et portant cette mention : « *Herbier de la Flore francaise* (*Bot. Gall.*), 1822, *donné au Muséum par A.-P. de Candolle* », sans aucune indication de localité. Cet échantillon unique est bien moins vigoureux que ceux que j'ai récoltés en Algérie. D'ailleurs, cette plante, fort commune en Afrique, me paraît beaucoup plus algérienne que française, et il se pourrait que les spécimens récoltés de ce côté de la Méditerranée fussent le résultat d'une importation accidentelle.

Catananche propinqua Pomel. — Terres arides entre les routes de Tiaret et de Mostaganem; mai 1891.

Forme algérienne qui diffère de notre *Catananche caerulea* L. par une souche très-multicaule, des feuilles plus étroites et des fleurs un peu plus grandes.

Hedypnoïs sabulorum Pomel. — Terres arides, au bas de la côte d'Aïn-Guergour; juin 1891.

Forme appauvrie du type, qui est excessivement polymorphe, tant en France qu'en Algérie. A quelques différences près, les mêmes formes se retrouvent de part et d'autre de la Méditerranée. Celle que je signale est particulière aux terrains maigres et arides de la province d'Oran. Le type ne dépasse guère les limites du bassin méditerranéen, où sa variabilité lui a fait donner le nom de *Polymorpha*.

Deckera glomerata Pomel. — Terrains secs, bords des chemins, entre les routes de Tiaret et de Mostaganem, à Mascara; mai 1891.

Plante très-intéressante, et qui mériterait une étude spéciale plus longue que ne le comporte une simple liste. Le genre auquel elle appartient sert de transition entre les *Picris* et les *Helminthia*. Ceux-ci ne diffèrent des *Deckera* que par les folioles externes de l'involucre, qui sont verticillées au lieu d'être imbriquées, et cordées au lieu d'être simplement lancéolées.

* **Sonchus maritimus** L. — Au fond du ravin blanc, à Mascara, au bord du cours d'eau; mai 1891.

Forme très-différente de celles que j'ai rencontrées sur nos côtes. Celles-ci sont généralement grêles, avec des feuilles dentées sinuées, ne dépassant pas deux centimètres de largeur; celles-là croissent en énormes touffes, émettant des feuilles longues de vingt-cinq, trente et trente-cinq centimètres, larges de cinq, sept et huit centimètres, et absolument entières. Je n'en ai rencontré qu'en un seul point de la province d'Oran, aux environs de Mascara. Mais, en raison de la sécheresse qui règne dans cette région, il n'est pas étonnant qu'une plante à qui l'humidité convient s'y trouve assez rarement. Dans tous les cas, les pieds que j'ai pu recueillir sembleraient, à mon avis, constituer une variété ou une forme suffisamment caractérisée pour recevoir un nom spécial : *Algeriensis* ou *latifolia*, par exemple.

* **Andryala integrifolia** L. — Terrains herbeux mais secs au bord de la route de Saint-André; mai 1891.

Andryala floccosa Pomel. — Terrains sablonneux dans la brousse, près du relai d'Aïn-el-Hadid, sur la route de Frendah; juin 1891.

Plante très-caractéristique et d'aspect bien africain avec

la fourrure de laine blanche qui la protège, comme le burnous les indigènes, contre les radiations solaires si intenses dans ces parages.

* **Leuze aconifera** D.C. — Terres arides, bord des chemins entre les routes d'Oran et de Mostaganem. Mascara; juin 1891.

Cette plante, si gracieuse chez nous avec ses feuilles finement pinnatifides, l'est beaucoup moins en Algérie, où son port est plus robuste, plus lourd; les feuilles supérieures seules sont un peu sinuées, les inférieures, même caulinaires, demeurent presque entières, larges et peu décoratives. En général, notre *Leuzea* est plus grêle, plus chétif que celui d'Afrique.

* **Rhagadolius stellatus** D.C. — Terres cultivées, partout aux environs de Mascara, surtout au pied du cimetière de Sidi-Moueffack; mai 1891.

Généralement un peu plus vigoureux en Algérie qu'en France.

* **Picridium vulgare** Desf. — Fossés, bords des chemins aux environs de Mascara; mai 1891.

Même remarque que pour la précédente.

* **Artemisia herba alba** Lam. — Sur les Hauts plateaux, depuis Kralfallah jusqu'au Kreider, par étendues immenses alternant avec l'*Alfa* et le *Lygeum;* juin 1891.

Cette armoise croît en France et en Espagne. A partir des Hauts plateaux jusqu'au désert, elle se modifie d'une façon assez sensible pour que l'on ait pu ériger cette modification en espèce distincte. C'est alors l'*Artemisia Saharae* Pomel, que l'on rencontre dans les environs de Ghardaia et à Metlili. Elle se différencie de l'*Artemisia herba alba* par des capitules à écailles presque entièrement scarieuses, des fleurs plus nombreuses et rétrécies sous le limbe, par ses akènes qui sont glabres.

NÉRIACÉES.

* **Nerium oleander** L. — Ravin du champ de manœuvres à Mascara. Kacherou, oasis de Tyout (sud oranais). Peu commune dans la province d'Oran, par suite de la rareté des cours d'eau ; juin 1891.

GENTIANÉES.

* **Chlora perfoliata** L. var. *grandiflora* Gr. — Terres incultes aux environs de Mascara ; mai 1891.

Cette belle variété, dont certains auteurs font une espèce, est excessivement commune dans le bassin algérien. Non-seulement elle est commune, mais c'est la seule forme que l'on y rencontre : le type à petites fleurs est très-rare ; c'est à peine s'il a été signalé en Tunisie et dans la province de Constantine. Cette plante offre un bel exemple de croissance progressive à mesure qu'elle descend vers le sud. Dans le nord et le centre de la France, le type seul existe ; dans le midi apparaissent, avec lui, quelques formes à grandes fleurs ; une fois la Méditerranée franchie, cette dernière seule se retrouve ou domine de beaucoup, le type restant à l'état d'exception.

BORRAGINÉES.

* **Anchusa italica** Retz. — Dans les moissons partout aux environs de Mascara ; mai 1891.

Lithospermum tenuiflorum L. fils. — Un seul exemplaire dans le sentier servant de raccourci de Mascara à Saint-Hippolyte ; juin 1891.

* **Echium italicum** L. — Dans les terrains herbeux mais incultes qui bordent la route de Saint-André, Mascara ; mai 1891.

* **Echium maritimum** Willd. — Sur les pentes dénudées du Santa-Cruz, à Oran ; mai 1891.

Cerinthe gymnandra Gasparini. — Flancs herbeux et frais des coteaux de Sidi-Daho, près Mascara ; juin 1891.

CUSCUTACÉES.

Cuscuta cuspidata Pomel. — Sur diverses espèces de Thyms et d'Hélianthèmes, terrains arides aux abords de la route d'Oran, Mascara ; mai 1891.

SOLANÉES.

* **Lycium barbarum** L. — Formant des haies autour des jardins et des champs aux environs de Mascara ; mai 1891.

DATURACÉES.

* **Hyosciamus albus** L. — Voisinage des habitations, village nègre à Mascara ; juin 1891.

SCROPHULARIACÉES.

* **Trixago apula** Stev., flore *albo* et flore *luteo ;* cette dernière forme beaucoup plus vigoureuse que l'autre. — Sur les flancs d'un mamelon du Djebel-Chougran, près Mascara ; juin 1891.

OROBANCHACÉES.

Phelippaea lutea Desf. — Eboulis argileux du Djebel-Chougran, près Mascara ; mai 1891.

Les échantillons que j'ai récoltés étaient si profondément enfoncées dans l'argile, que je n'ai jamais pu trouver la plante sur laquelle ils étaient parasites. Et partout où je les ai rencontrés, ils n'étaient entourés d'aucune autre plante, pas même d'*Atriplex*. Il est probable que les pentes sur lesquelles ils croissaient, composées de glaise et très-inclinées, avaient glissé pendant les pluies d'avril et avaient tout recouvert ; eux seuls avaient pu percer, grâce à leur puissance végétative extraordinaire ; leurs tiges, enfoncées à soixante-dix et quatre-vingts centimètres, atteignaient, chez certains individus, la grosseur du bras. Les difficultés que j'ai rencontrées dans l'inclinaison du sol et sa nature argileuse ne m'ont pas permis d'arriver à la plante nourricière.

LABIÉES.

Lavandula dentata L. — Pentes arides du Santa-Cruz à Oran ; mai 1891.

Forme de la tribu des *Staechas*, qui n'existe pas en France, mais qu'on retrouve au Maroc, en Espagne et en Italie.

* **Lavandula staechas** L. — Terres arides aux abords de la route d'Oran, Mascara ; mai 1891.

Type peu commun en France et peu variable. Il croît en Provence et sur quelques points du Languedoc. Ses rapports avec l'espèce précédente sont assez étroits. Elle est excessivement commune en Algérie, dont les conditions ambiantes semblent mieux lui convenir.

Thymus ciliatus Desf., var. *major* Batt. et Trab. — Terrains arides aux environs de Mascara ; mai 1891.

Sideritis Guyoniana Boiss. et Reut., var. *angustifolia* Debeaux. Congrès d'Oran. — Terres sèches le long d'un sentier reliant les routes de Tiaret et d'Oran, non loin de Mascara ; juin 1891.

Marrubium alyssoides Pomel. — Champ de manœuvres de cavalerie, Mascara ; mai 1891.

Marrubium deserti de Noé. — Dans les sables de l'oasis de Thyout et sur les rochers qui l'entourent ; juin 1891.

Ballota hirsuta Bentham. — Dans les touffes de palmiers nains, toute la plaine d'Egrys, à Mascara ; juin 1891.

* **Stachys hirta** L. — Sur une pelouse sèche du Djebel-Chougran, près Mascara ; mai 1891.

Le genre *Stachys* s'équilibre à peu près dans chacun des deux bassins. Cependant, les espèces qui le composent semblent avoir en Algérie une tendance à l'hybridation que je n'ai pas remarquée en France.

Betonica algeriensis de Noé. — Lieux humides, ravin bordant le champ de manœuvres de cavalerie, à Mascara ; mai 1891.

Cette forme diffère de notre type *Betonica officinalis* par un port plus vigoureux, des épis longs et denses. C'est, je crois, l'unique forme algérienne de cette espèce qui mérite un nom. Le genre lui-même n'est représenté là-bas que par cette seule espèce.

Cleonia Lusitanica L. — Dans la brousse aux environs d'Aïn-el-Hadid, près Frendah ; juin 1891.

Genre voisin des *Brunella*, mais non représenté en France.

* **Ajuga iva** Schreb. — Coteaux secs à Sidi-Daho, près Mascara ; juin 1891.

Teucrium pyrenaïcum L., var. *Atlanticum* Coss. — Terres argileuses, flancs dénudés du Santa-Cruz à Oran ; mai 1891.

Teucrium polium L. — Partie ombragée du Santa-Cruz à Oran ; mai 1891.

Teucrium polium L., var. *purpurascens* Bentham. — Sur le coteau de Sidi-Moueffack à Mascara ; mai 1891.

* **Teucrium lucidum** L. — Dans les champs de céréales, dépressions inondées l'hiver, Tizi ; juin 1891.

* **Teucrium pseudo-chamaepitys** L. — Terrains pierreux, Mascara, route de Saint-André ; mai 1891.

Teucrium bracteatum Desf. — Flancs dénudés du Santa-Cruz à Oran ; mai 1891.

Le genre *Teucrium* est très-riche en Algérie, où certaines espèces, telles que le *Teucrium polium*, sont susceptibles de varier dans des limites très-étendues.

PRIMULACÉES.

Anagallis linifolia L. — Fossés inondés l'hiver aux environs de Mascara ; mai 1891.

Anagallis linifolia L. var. *rubriflora* Batt. et Trab. — Même station que la forme type ; mai 1891.

L'espèce *A. linifolia* paraît être une expression très-accentuée de notre type *A. arvensis* qui, étant cosmopolite, est, par là même, susceptible de varier beaucoup. Il est, de plus, à remarquer, que l'espèce africaine subit les mêmes variations de couleur que le type lui-même.

STATICÉES.

Limoniastrum Feei Batt. et Trab. — Régions désertiques, environs de Thyout et d'Aïn-Sefra ; juillet 1891.

Statice Thouïni Viv. — Terrains secs, sablonneux, dans la brousse au voisinage d'Aïn-el-Hadid, près Frendah ; juin 1891.

PLANTAGINÉES.

* **Plantago psyllium** L. — Flancs du ravin blanc à Mascara ; mai 1891.

Plantago psyllium L. var. *parviflora* Desf. — Même station que la forme type ; mai 1891.

* **Plantago albicans** L. — Coteaux calcaires, collines de Sidi-Moueffak à Mascara ; mai 1891.

Le genre *Plantago*, déjà très-bien représenté chez nous, est encore plus varié en Algérie, où l'on rencontre des formes de sable et de littoral fort intéressantes.

CHÉNOPODÉES.

Echinopsilon Muricatus Moq. — Région désertique, sables de la vallée de l'Oued-Sefra, entre Aïn-Sefra et Thyout ; juillet 1891.

Anabasis aretioïdes Coss. et Moq. — Région désertique, sol rocheux dans la vallée de l'Oued-Sefra, entre Aïn-Sefra et Thyout ; juillet 1891.

Plante excessivement curieuse présentant, dans le désert, l'aspect qu'offrent dans nos bois calcaires les touffes de *Leucobryum glaucum*. Mais lorsque l'on s'approche des mamelons qu'elle forme, et qui semblent, comme des coussins naturels, vous inviter à vous asseoir, on est bien vite désillusionné. Au lieu d'un tapis de mousse moelleux et frais, on rencontre une surface piquante, dure, crustacée, brûlante, et d'une ténacité telle qu'il faut la hachette pour s'en procurer des fragments. Cette résistance est due à l'enchevêtrement des rameaux lignifiés qui constituent un tissu inextricable, dense et presque élastique. C'est une des plantes les plus bizarres que j'aie rencontrées dans le sud.

POLYGONÉES.

* **Rumex tingitanus** L. — Fossés, lieux sablonneux aux environs de Mascara, partout dans les sols légers ; mai 1891.

Cette plante se rencontre parfois jusqu'au désert, où elle modifie ses feuilles d'une façon assez sensible : de sinuées, elles deviennent pinnatifides et donnent ainsi la variété *lacerus*.

* **Rumex bucephalophorus** L. — Coteaux secs, Sidi-Daho, près Mascara ; mai 1891.

Cette plante ne subit pas en Algérie de variations appréciables.

DAPHNÉACÉES.

* **Passerina hirsuta** L. — Lieux secs et incultes aux environs de Mascara, entre les routes de Mostaganem et d'Oran ; juin 1891.

Plante peu variable et qu'on ne rencontre guère en dehors de la région méditerranéenne.

EUPHORBIACÉES.

Euphorbia luteola Coss. et Dur. — Sables de la région désertique, entre Mecheria et Aïn-Sefra ; juin 1891.

Euphorbia Guyoniana Boiss. et Reut. — Région désertique, sables de l'Oued-Sefra, à Aïn-Sefra ; juin 1891.

Plante très-caractéristique et très-bien adaptée aux sables du sud.

* **Euphorbia falcata** L. var. *rubra* D.C. — Terres arides et sèches aux environs de Mascara, où il parait peu abondant.

URTICACÉES.

Urtica pilulifera L. var. *Balearica* L. — Haies et décombres; très-commun aux environs de Mascara; juin 1891.

Plante beaucoup plus puissante que le type qui croît dans l'ouest et le midi de la France, où il est assez rare. La forme algérienne, lorsqu'elle rencontre un support quelconque, une haie, un vieux mur, atteint jusqu'à deux mètres et plus. Cette exagération dans la taille est à peu près la seule différence qui la distingue de notre type, en y ajoutant toutefois la forme des stipules qui sont lancéolées.

PALMIERS.

Chamaerops humilis L. — Très-commun aux environs de Mascara : juillet 1891.

Ne s'écarte pas de la région méditerranéenne. Je ne l'ai pas rencontré au-delà de Saïda. Ce palmier, qui couvre parfois de ses souches de grandes étendues, est toujours acaule à l'état sauvage; dans les plaines, ses dimensions en hauteur sont encore réduites; les spécimens que j'ai rencontrés dans les endroits accidentés étaient généralement un peu plus élevés. Cependant, cette différence était généralement due à l'allongement des pétioles, et non à un développement plus considérable de la tige. Pour le faire croître en hauteur et lui donner l'aspect qu'il a dans nos serres et nos jardins publics, il faut l'entourer de soins spéciaux. Ce qui semblerait démontrer que cette espèce, livrée à elle-même, est en voie de dégénérescence.

Phaenix dactylefera L. — Oasis de Thyout, Ksar d'Aïn-Sefra; juillet 1891.

LILIACÉES.

* **Allium ampeloprasum** L. — Vignes, terres sablonneuses, entre les routes de Tiaret et d'Oran, Mascara; juin, 1891.

* **Allium nigrum** L. — Champs de céréales bordant la route qui conduit de Bal-Ali au Djebel-Chougran: juin 1891.

* **Ornithogalum Narbonense** L. — Dans les champs de céréales aux environs de Mascara, plaine d'Egrys; juin 1891.

Ces trois espèces restent en Algérie sensiblement les mêmes qu'en France.

IRIACÉES.

Iris sisyrinchum L. — Environs de Tiaret; prairies dépendant de la Jumenterie; juin 1891.

J'ignore si cette plante a été signalée en France, mais on la trouve en Corse.

* **Iris spuria** L. — Au fond du ravin d'Aïn-Guergour, non loin de Kacherou; juin 1891. L'aire de cette espèce est très-étendue; on la retrouve jusqu'en Danemark.

ORCHIDÉES.

* **Orchis coriophora** L. var. *fragrans* Poll. — Ravin de Sidi-Daho et Djebel-Chougran, près Mascara; juin 1891.

Je n'ai trouvé aucun spécimen du type à odeur de punaise; les rares échantillons que j'ai récoltés avaient tous une odeur très-agréable. Il est à supposer que le parfum désagréable du type disparait lorsque la plante s'éloigne des prés, et en général des lieux herbeux et humides.

JONCÉES.

Juncus Duvalii Loret. — Vases de l'Oued-Sefra à Aïn-Sefra; juillet 1891.

GRAMINÉES.

Lygeum spartum L. — Tous les Hauts plateaux jusqu'à

Mécheria; devient plus rare entre ce dernier poste et Aïn-Sefra. Se retrouve aussi sur le Santa-Cruz à Oran; juin 1891.

Ampelodesmos tenax Link. — Terres arides et accidentées, flancs des ravins, entre les routes de Tiaret et d'Oran, Mascara; juin 1891.

* **Phalaris caerulescens** Desf. — Terres arides dans les touffes de Chamaerops, route de Saint-Hippolyte, Mascara; juin 1891.

* **Andropogon hirtum** L. — Santa-Cruz à Oran; mai 1891.

Andropogon hirtum L. var. *pubescens* Vis. — Terres arides entre les routes de Tiaret et d'Oran, Mascara; juin 1891.

* **Imperata cylindrica** Coss. — Sables de l'Oued-Sefra à Aïn-Sefra; juillet 1891.

Les spécimens que j'ai récoltés dans le sud m'ont paru avoir des épis plus longs et plus grêles que ceux de la région méditerranéenne.

* **Polypogon monspeliense** Desf. — Cours d'eau, fossés herbeux, Mascara; mai 1891.

Plante cosmopolite, mais qui m'a paru plus puissante, en général, en Algérie qu'en France, surtout si la comparaison se fait avec des types croissant sur nos côtes de l'ouest.

Stipa gigantea Lag. — Coteaux arides, routes conduisant de Bab-Ali au Djebel-Chougran, Mascara; juin 1891.

Stipa tenacissima L. — Hauts plateaux et, çà et là, quelques échantillons isolés, Mascara, Djebel-Chougran, Frendah, etc.; juin 1891.

Trisetum Balansae Coss. et D. R. — Coteaux secs, Sidi-Moueffak à Mascara ; mai 1891.

* **Kaeleria phleoides** Pers. — Fossés inondés l'hiver, route de Saint-André, Mascara ; mai 1891.

Beaucoup plus commun et un peu plus vigoureux dans le bassin algérien.

Bromus divaricatus Rohde, var. *lanuginosus* Coss. — Terres sèches, parmi les touffes de palmiers nains, Mascara ; mai 1891.

* **Bromus rubens** L. — Terres arides et pierreuses, flancs du Santa-Cruz à Oran ; mai 1891.

Brachypodium distachyon P. B. ; var. **platystachion** Coss. — Terres argilo-calcaires, flancs du ravin blanc, Mascara ; mai 1891.

Aegylops ventricosa Tausch. — Bords des sentiers et des champs, chemin conduisant de Bab-Ali au Djebel-Chougran ; Mascara, mai 1891.

* **Elymus crinitus** Schreb. — Ravin d'Aïn-Guergour, près Cacherou, Sidi-Daho, près Mascara ; mai 1891.

CONCLUSIONS.

Cette liste est bien pauvre et bien écourtée si on la compare aux richesses botaniques de l'Algérie. Malheureusement, je n'ai pu faire cette excursion qu'à une époque de l'année déjà un peu avancée, surtout pour la province d'Oran, qui est, en général, beaucoup plus aride et plus sèche que les deux autres. D'un autre côté, je n'ai pu consacrer aux herborisations tout le temps que j'aurais voulu, et, seul, je ne pouvais emporter avec moi les presses et le papier suffisants pour faire sécher mes récoltes au jour le jour. J'ai perdu ainsi énormément d'espèces qu'il m'a fallu, ou abandonner à la fermentation dans mes boîtes, ou sacrifier définitivement faute de place.

Cependant, si la collection ne s'est point enrichie d'un nombre considérable de nouveaux venus, au moins m'a-t-il été donné de faire quelques observations d'ordre général, dont j'ai noté quelques-unes au cours de l'énumération qui précède. Ce sont ces observations éparses que je vais essayer maintenant de résumer, en les groupant, de façon à pouvoir en tirer certaines déductions.

J'ai montré combien variables étaient certains types : chez les uns, on a vu se modifier les dimensions d'ensemble; chez les autres, la forme des feuilles et la structure des tiges; chez d'autres encore, un *indumentum* de poils apparaissait et disparaissait suivant les besoins, ou bien le parenchyme se transformait en éléments de réserves, etc.

Toutes ces modifications, est-il besoin de le dire, sont dues à l'action des milieux. Mais les milieux se composent d'un nombre considérable de facteurs *agissant de concert* ou *contrariant réciproquement leurs effets*.

C'est cette inégalité dans l'action des milieux qui constitue la principale source des innombrables modifications des êtres.

Pour faciliter l'intelligence de ce qui va suivre, je diviserai en deux catégories les modifications des végétaux que j'ai pu observer.

Dans la première, je ferai rentrer les changements dus aux milieux dont les facteurs les plus importants semblent concourir à un même but, en s'équilibrant réciproquement, l'équilibre s'effectuant non dans l'individu, mais dans les éléments eux-mêmes.

La seconde comprendra les transformations issues de l'inégalité d'action de ces éléments, les uns agissant sur la plante dans un sens négatif, et tendant à la détruire ou à la réduire ; les autres agissant dans un sens positif, et provoquant des mouvements vitaux exagérés.

Il va sans dire que cette classification est purement arbitraire et ne correspond, dans la nature, à aucune délimitation aussi tranchée. Mais, si l'on veut mettre un peu de clarté dans l'exposition de phénomènes aussi complexes, il est indispensable d'adopter un ordre quelconque, autrement on s'engagera dans un labyrinthe inextricable, au risque d'égarer et soi-même et le lecteur avec soi.

I. — PHÉNOMÈNES DE LA PREMIÈRE CATÉGORIE.

Prenons un végétal quelconque, le type *Chlora*, par exemple, dont la simplicité facilitera la démonstration, et observons-le dans un milieu moyen, tempéré, comme le centre de la France. Là, la nature du sol, l'état hygrométrique de l'air, la température, l'intensité des radiations solaires, ne présentent pas de caractères extrêmes. Le tout s'harmonise à peu près, et sa résultante peut être prise comme type de moyenne. Je ne parle pas des distinctions de terrains, des détails topographiques ; il me faudrait pour cela morceler la question, au point de ne pouvoir la faire rentrer dans le cadre de cette étude. Si le milieu ambiant représente une moyenne, la plante façonnée dans ce milieu nous en donnera une également. Considérons donc la forme du type *Chlora* la plus répandue : la forme *perfoliata*. Je procède, à son égard, de la même manière que pour le milieu, et je laisse de côté les formes *imperfoliata* et *serotina*, qui ne sont qu'exceptionnelles et dues aux modifications ambiantes secondaires auxquelles je viens de faire allusion. Ces deux espèces, en effet, sont propres aux sables des régions littorales. La forme, que nous avons prise pour type, croît à peu près dans tous les terrains calcaires de la France. Tant qu'elle ne franchit pas les limites de l'ouest ou du centre, elle demeure sensiblement la même dans l'ensemble de la région.

Si, du centre de la France, nous descendons dans le bassin méditerranéen, nous voyons apparaître çà et là, à côté de la forme moyenne, une autre forme beaucoup plus accentuée, plus belle, plus ample, à large corymbe, à fleurs très-grandes, à divisions calicinales munies de trois nervures au lieu d'une : c'est la forme *grandiflora*. C'est que le type a rencontré, dans ces endroits spéciaux, des conditions ambiantes plus favorables au développement, non d'un organe particulier, mais à l'individu lui-même pris dans sa totalité ; chacune de ses parties a gardé sa forme et ses proportions respectives, et la plante ne se distingue du type moyen que par l'ampleur de son développement. En un mot, la chaleur, l'état hygrométrique de l'air, la composition du sol, l'intensité des radiations, etc., ont concouru, dans un effort commun, à la progression vitale de ce type.

Traversons maintenant la Méditerranée : en Algérie, nous ne retrouverons que très-exceptionnellement la forme moyenne propre à la région moyenne de la France ; plus de *Chlora perfoliata*, mais à sa place, et presque exclusivement, le *Chlora grandiflora*, que nous avons vu faire son apparition, par plaques, dans le bassin méditerranéen français. Ce ne sont plus seulement des îlots de circonstances favorables qu'a rencontrés la plante en Algérie (je ne parle ici que de la province d'Oran, la seule que j'aie pu explorer); partout où je l'ai vu croître, elle a eu pour elle l'ensemble des éléments ambiants.

Remarquons que le genre *Chlora* paraît très-bien organisé pour vivre dans les terrains secs et chauds; sa teinte générale est glauque, son épiderme légèrement cireux, ce qui atténue l'action des radiations solaires, en même temps que la transpiration: ses feuilles sont un peu charnues et propres à servir de réserves pour le cas où il y aurait insuffisance dans les conditions de nutrition par les racines, ou absence de vapeur d'eau dans l'atmosphère. Ce type était donc désigné pour acquérir, sous un climat un peu excessif comme celui de certaines parties de l'Afrique septentrionale, une vigueur nouvelle dans ses fonctions vitales, sans que ce surcroît d'activité nuisît à son ensemble.

Le *Chlora grandiflora* est donc une résultante des milieux que j'ai classés dans la première catégorie. Avec lui on peut y faire rentrer un certain nombre d'autres types, tels que *Nigella arvensis*, *Helianthemum salicifolium*, *Melilotus parviflora*, *Psoralea bitumosa*, la plupart des *Hedysarum*, *Onopordon macracanthum*, *Micropus bombycinus*, *Leuzea conifera*, *Sonchus maritimus*, *Rhagadiolus stellatus*, *Picridium vulgare*, *Betonica algeriensis*, *Anagallis linifolia*, *urtica pilulifera*, *Polypogon monspeliense*, *Kaeleria phleoides*, etc.

Dans cette même catégorie, et à côté des espèces qui ont traduit l'heureuse influence du milieu par une importance plus grande dans leurs dimensions individuelles, je placerai celles chez lesquelles cette influence s'est manifestée par un accroissement numérique des représentants de l'espèce, sans que ceux-ci aient modifié leur taille d'une façon appréciable. Les deux phénomènes sont évidemment l'expression d'une cause favorable. Si une espèce ne croît qu'exceptionnellement en France, et se trouve communément en Algérie, bien que pour cela elle n'ait pas sensiblement changé d'aspect, il faut bien reconnaître que les milieux, dont elle est le produit, lui ont été utiles en provoquant sa multiplication. Cette dernière distinction n'est qu'une face de la première, et toutes deux doivent se confondre, car il arrive presque toujours que le type amplifié individuellement le soit du même coup numériquement. Comme exemple, nous citerons : *Moricandia arvensis*, certains *Helianthemum*, les *Centaurea*, *Asteriscus maritimus*, *Anacyclus clavatus* et *radiatus*, *Scolymus grandiflorus*, *Picridium vulgare* *Lavandula staechas*, *Polypogon monspeliense*, *Kaeleria phleoides*, etc.

Je terminerai ce qui a trait à cette première catégorie de phénomènes, en faisant remarquer que je les ai observés principalement dans les limites du bassin méditerranéen.

En général, après avoir franchi cette limite, c'est-à-dire depuis Saïda exclusivement jusqu'au désert, dans les steppes et les montagnes pelées du sud, j'ai rencontré des transformations d'un tout autre ordre que celles dont je viens de m'occuper. Je ferai toutefois une exception pour les Hauts plateaux, en ce qui concerne l'*Artemisia herba alba*, et pour le sud oranais, en faveur du *Pulicaria sicula* et de l'*Imperata cylindrica*, que je n'ai pas trouvés modifiés.

Ce sont ces transformations, beaucoup plus accentuées, plus intéressantes aussi, aux points de vue physiologique et biologique, que j'ai classées dans la seconde catégorie.

II. — PHÉNOMÈNES DE LA SECONDE CATÉGORIE.

Nous avons vu précédemment que les différents facteurs d'un même milieu sont quelquefois susceptibles de combiner leurs effets et d'unifier leurs résultats au regard de certains individus. Mais il n'en est pas toujours ainsi : on peut rencontrer, par exemple, un sol très-humide joint à une atmosphère elle-même saturée d'humidité, ce qui rend la transpiration très-difficile ; de même on voit souvent un sol très-perméable coexister avec une atmosphère très-sèche, un terrain très-pauvre par lui-même être exposé aux ardeurs d'un soleil ardent et continu qui l'appauvrit encore et tend à le stériliser, tout en provoquant chez la plante des vibrations chlorophylliennes et des mouvements vitaux très-intenses. En un mot, les différents éléments n'agissent pas toujours dans le même sens. De plus, parmi ces éléments, il en est qui ont, suivant les milieux, une importance effective plus considérable les uns que les autres. Prenons la radiation solaire, qui est indispensable à la décomposition de l'acide carbonique pour les plantes pourvues de chlorophylle : si, à une grande intensité de cette radiation, se joint un état hygrométrique de l'atmosphère d'une intensité correspondante et un sol très-riche en éléments nutritifs, la végétation deviendra luxuriante. Mais si l'atmosphère est sèche, la situation devient moins favorable; si, de plus, le sol est pauvre, elle deviendra intolérable pour la plante, à moins que celle-ci ne se modifie considérablement. C'est sur cette dernière face de la question que je veux surtout insister, car j'estime que les modifications les plus importantes qui se produisent dans le règne végétal ont leur source dans le rapport existant, d'un côté, entre l'intensité des radiations, de l'autre, entre l'état hygrométrique de l'air et la plus ou moins grande puissance nutritive du sol.

Ce qui revient à dire que ces transformations sont dues à la tendance qu'a le végétal à rétablir l'équilibre rompu entre les dépenses provoquées par la transpiration et la fonction chlorophyllienne et la reconstitution d'éléments nouveaux.

Je ne m'étendrai pas sur la transpiration, qui est connue de tous, mais il est peut-être utile, pour bien comprendre ce qui va suivre, de donner quelques explications sur la fonction chlorophyllienne.

Des expériences très-longues, très-minutieuses, de plusieurs savants, et notamment de M. Timiriazeff (*Annales des Sciences naturelles*, 7e sér., t. I, 1885), ont établi que la chlorophylle jouait dans la nature, vis-à-vis des radiations solaires, le rôle d'un véritable sensibilisateur. On sait que l'une des principales fonctions de tout végétal consiste à fixer en lui les principes carbonés, en dégageant l'oxygène de l'acide carbonique qu'il contient. Mais pour opérer ce dégagement, il faut une décomposition préalable de l'acide carbonique ; or, ce dernier corps étant incolore, les rayons solaires ne peuvent l'attaquer directement ; il faut pour cela l'intermédiaire d'un corps sensible à l'action de ses rayons. Le résultat des expériences auxquelles je viens de faire allusion a été précisément de démontrer que la chlorophylle est douée de cette propriété. Elle absorbe la radiation et se décompose sous son influence. En se décomposant, ses molécules sont mises en mouvement, et transmettent du même coup leur énergie vibratoire aux molécules d'acide carbonique qu'elle dissocie. Telle est en deux mots le principe de la fonction chlorophyllienne. Mais il est une particularité dans ce phénomène, qui est fort intéressante et qu'il importe de connaître, c'est que toutes les parties du rayon lumineux ne sont pas aptes à opérer la décomposition de la chlorophylle. Avant M. Timiriazeff, on attribuait le pouvoir dissolvant aux radiations jaunes ; or ce dernier savant a démontré, d'une façon qui me paraît péremptoire, que ce pouvoir dissolvant résidait dans les radiations rouges, qui sont douées, non de la plus grande énergie lumineuse, mais bien de la plus grande énergie calorifique, en même temps que de la plus grande amplitude des ondes vibratoires. On explique ainsi la mise en mouvement de la molécule chlorophyllienne que font vibrer, en la pénétrant, les ondes de la radiation.

Une autre conséquence de cette découverte, c'est que si le pouvoir éclairant du rayon solaire n'a pas d'action sur la chlorophylle, mais seulement la radiation rouge, qui possède le plus grand pouvoir calorifique, ce n'est plus la lumière qui paraît indispensable à la vie des plantes, mais bien le calorique contenu dans le rayon. Comme ce dernier n'est pas divisible en fait dans la manifestation sidérale qui affecte notre organe visuel, nous disons, par suite d'une confusion très-naturelle, que la plante ne peut vivre sans lumière ; aussi faut-il prendre ce mot lumière non pas dans le sens large, mais dans le sens restreint que je viens d'indiquer, lorsque l'on parle des fonctions du végétal. C'est dans cette acception qu'il faut le prendre, au cas où on le trouverait employé au cours de ce travail.

Reste encore un point à expliquer dans le phénomène de la décomposition de la chlorophylle par les radiations. Une fois cette décomposition accomplie sur toutes les surfaces du végétal, et elle s'opère très-rapidement, que devient ce dernier par suite de l'épuisement d'un élément absolument nécessaire à son existence? S'il ne s'opère pas une reconstitution immédiate de cet élément, la plante ne vivra que quelques minutes, elle périra infailliblement. Il est donc indispensable, étant donnés, d'un côté, le phénomène prouvé de la destruction de la chlorophylle, de l'autre, le fait évident de la vie prolongée de la plante, il est indispensable, dis-je, pour concilier ces deux faits, d'admettre la reconstitution immédiate de l'élément disparu. Or, pour se refaire ainsi incessamment, il faut que le végétal puisse trouver quelque part la somme d'aliments qui lui est nécessaire ; il lui faut une recette pour contrebalancer sa dépense et équilibrer son économie.

Ce court exposé renferme à lui seul la moitié de la question et l'explication des phénomènes qui vont suivre.

Si, en effet, la plante se trouve plongée dans un milieu où, d'un côté, l'élément radiation est très-intense, de l'autre les éléments nutritifs et hygrométriques réduits à la portion congrue, elle subira des pertes organiques telles qu'elle ne pourra résister, si elle possède une structure des régions moyennes et tempérées. Elle ne trouvera, ni dans le sol, ni dans l'atmosphère, la compensation aux dépenses d'énergie provoquée en elle par la fonction chlorophyllienne et la transpiration. En supposant une structure normale et une intensité donnée de rayons solaires, si l'individu dépense en décomposition d'acide carbonique une somme d'énergie vitale égale à 100, et que les éléments nutritifs qui l'entourent ne lui rendent que 50 dans le même temps, il lui faudra, pour vivre, modifier son économie, de manière à ne pas dépenser plus qu'elle ne reçoit.

Comme ce sont surtout les régions désertiques, les steppes et les sables, qui fournissent ces extrêmes dans les facteurs ambiants, c'est là aussi que l'on devra rencontrer les formes végétales les plus bizarres et les plus tourmentées; et bien que la cause de ces modifications s'uniformise dans d'immenses étendues, on trouve néanmoins de grandes variations dans ses effets. Suivant leur tempérament, suivant aussi le dégré des heurts et des contradictions du milieu, les différents types adoptent telle ou telle transformation dans leur allure et dans leur structure externe ou interne. Aussi, bien que la végétation désertique offre dans ses grandes lignes des caractères et des traits communs, les modes d'adaptation que l'on y rencontre sont néanmoins extrêmement variés.

Les régions désertiques ne sont pas les seules susceptibles de provoquer de ces transformations accentuées ; certaines stations sablonneuses, comme les stations littorales ou rocheuses, sèches et très-éclairées, comme certains hauts sommets, provoquent aussi la plupart du temps de curieux phénomènes d'adaptation.

On peut toujours, pour la commodité d'exposition, et sans que cet ordre soit le moins du monde limitatif, diviser les modifications ainsi provoquées en un certain nombre de catégories secondaires, en s'appuyant sur les caractères les plus saillants.

De plus, ces divisions ne sont point exclusives, c'est-à-dire que chacune d'elles ne correspond pas à un mode d'adaptation employé par un type à l'exclusion de tous autres.

L'un et l'autre de ces modes sont susceptibles, suivant les cas, de se combiner et de se rencontrer sur le même individu, tout en offrant de temps en temps des caractères assez tranchés pour permettre de les distinguer nettement. La plupart ont pour but de soustraire l'individu à l'influence trop active de la radiation. Parmi ces procédés, voici ceux qui sont susceptibles d'être classés :

1° Réduction des surfaces chlorophylliennes ;

2° Dissimulation de la chlorophylle sous des productions pileuses ;

3° Sécrétion de substances minérales hygroscopiques ;

4° Sécrétion de matières cireuses et glutineuses ;

5° Développement exagéré du parenchyme dans le but de constituer des réserves ;

6° Lignification des tiges et des rameaux ;

7° Condensation des tiges et rameaux en un amas compact.

Je reprends, en les développant un peu, chacune de ces divisions :

1° Réduction des surfaces chlorophylliennes.

En général, les surfaces d'absorption des rayons incidents sont en même temps des surfaces d'évaporation. En les supprimant en partie ou en totalité, la plante réduit du même coup, et dans les mêmes proportions, deux fonctions dont l'exagération peut lui être fatale. Un certain nombre de types qui, chez leurs représentants des régions tempérées, sont pourvus de feuilles entières ou même sinuées, souvent larges n'offrent plus, dans les régions extrêmes, que des feuilles découpées en segments plus ou moins étroits, passant de la forme lancéolée à la forme linéaire. C'est ce que nous voyons se produire avec le genre *Moricandia*. Le type *arvensis*, qui fait son apparition de ce côté de la Méditerranée, possède des feuilles entières ou seulement dentées ; en Algérie, tant qu'il reste dans le bassin méditerranéen, il subit, il est vrai, suivant l'habitat, nombre de modifications, mais ses feuilles ne se découpent pas encore. Si l'on franchit la région des Hauts plateaux et que l'on s'avance dans les sables du sud, on peut observer les types *Moricandia Tourneuxii*, et surtout *M. teretifolia* et *cinerea*, dont les feuilles sont laciniées et à segments linéaires.

Voici un autre exemple tiré des *Echinops*. L'*Echinops globifer*, qui est subspontané dans certaines régions de l'est, possède des feuilles divisées, mais à segments très-larges. L'*E. ritro*, qui croît en Provence et aussi en Algérie, a des feuilles beaucoup plus étroites, mais non encore découpées; dans la province d'Oran, le type qui m'a paru le plus beau et le mieux adapté est l'*E. strigosus*, dont les feuilles sont pinnatifides, à longues divisions linéaires.

Cette multipartition des feuilles en fractions étroites n'est pas la seule manière de réduire les surfaces chlorophylliennes. La plante arrive quelquefois à supprimer complétement ses feuilles, comme dans l'*Aphyllantes monspeliensis* des Garrigues de Provence, ou le *Coronilla juncea*, ou bien elle en diminue seulement le nombre, comme dans *le Marrubium deserti*, l'*Euphorbia Guyoniana*, ou l'*Echinopsilon muricatus* des sables du sud oranais; ou bien encore ces organes n'ont qu'une durée tres-éphémère, comme je l'ai déjà indiqué à propos du *Retama sphaerocarpa*, qui est une plante saharienne.

Je place ici une observation qui, au point de vue qui nous occupe, a son intérêt. J'ai remarqué, dans certaines *Staticées* des lieux arides, notamment chez le *Statice Thouini*, que la rosette de feuilles radicales se desséchait souvent avant la complète maturation de la graine. J'ai cru voir une compensation à cette dessication prématurée dans le développement de l'expansion foliacée qui longe la tige, et s'élargit en trois ailes à l'extrémité de chaque rameau du scape. Cet organe supplémentaire, qui est bien plus une dépendance de la tige qu'une feuille proprement dite, supporte plus facilement les radiations intenses de la saison chaude, en raison de sa structure et de son plan vertical.

Certains auteurs, et parmi eux Acherson, attribuent une double fonction à ces organes d'expansion ; ils seraient destinés à augmenter la surface assimilatrice et favoriseraient en même temps la dissémination des semences, en provoquant le balancement des tiges. (Il emploie le mot *Flugapparate : volant.*) Cette dernière fonction me paraît problématique, sans cependant que je la répudie complètement. Si le procédé de diminution des surfaces ne suffit pas au végétal, ou si les circonstances ne lui ont pas imposé ce sacrifice, il est encore d'autres moyens qui lui permettent de se soustraire aux radiations incidentes. Nous arrivons ainsi à la production des poils.

2° Dissimulation de la chlorophylle sous une enveloppe tomenteuse.

Le revêtement pileux, qui n'est qu'un procédé d'ordre secondaire, est peut-être le plus communément employé par les plantes des lieux fortement irradiés. On le rencontre partout, non-seulement chez les plantes des régions chaudes, mais encore chez les végétaux des régions glaciales. Le *Leontopodium alpinum*, qui croît sur les hauts sommets des Alpes et des Pyrénées, en est un exemple. Les *Potentilla nivalis* et *alchemilloides* en fournissent un autre. C'est que, à partir d'une certaine altitude, les sommets montagneux sont, en ce qui concerne les radiations, dans la même situation que les steppes et les régions arides : ceux-ci et celles-là jouissent généralement d'un ciel sans nuage.

La limpidité de l'atmosphère n'est cependant pas égale dans chacun de ces milieux. Il y a des degrés dans l'intensité de la lumière, et à ces degrés correspond une pilosité plus ou moins abondante. Dans les déserts du centre des continents, c'est à cette production que la végétation doit son aspect grisâtre si caractéristique. La raison en est que le poil chez les plantes ne joue pas seulement un rôle protecteur, c'est encore un instrument d'absorption des molécules humides si rares dans ces contrées ; il les retient, les condense et les transmet à l'économie du végétal. Je cite, parmi les exemples les plus frappants : *Centaurea eriophora*, *Micropus bombycinus*, *Andriala floccosa*, etc. Il faudrait des pages pour les énumérer tous.

3° Sécrétion de substances minérales hygroscopiques.

Si le poil est un des organes de protection le plus répandu chez les végétaux, il n'est cependant pas le seul qui soit susceptible de retenir et de condenser la vapeur d'eau. Il est une famille fort nombreuse et fort répandue dans les parties chaudes de l'Algérie, que la nature a pourvue de petits organes spéciaux destinés à sécréter une substance minérale douée pour la vapeur d'eau d'une grande affinité. Il s'agit de la famille des *Plumbaginées* et de ses organes dits de *Licopoli*. Ces petits appareils qui, suivant les espèces, sont plus ou moins nombreux et doués d'une puissance sécrétrice plus ou moins considérable, ont été fort bien étudiés par M. Maury : *Etudes sur l'organisation et la distribution géographique des Plumbaginées* (*Ann. des Sc. nat.*, 7e sér., t. IV, 1886). Il est inutile d'entrer ici dans les détails de structure des organes de *Licopoli ;* qu'il nous suffise de savoir que la substance qu'ils sécrètent est probablement un composé de carbonate et d'azotate de chaux. Ce composé est soluble dans l'eau. J'ai pu m'en convaincre sur place, en humectant des feuilles de *Limonastrium Feei* que j'avais récolté dans le sud oranais. Les feuilles de cette espèce sont entièrement recouvertes de petits disques calcaires ayant un peu l'aspect de petites pézizes du genre *Mollisia*, et tellement serrés les uns contre les autres qu'ils forment à la feuille un revêtement minéral, sans pour ainsi dire aucune solution de continuité. Cet encroûtement n'est autre chose que le produit sécrété par les organes en question. Il est facile de se rendre compte de l'utilité qu'en peuvent tirer cette espèce et ses congénères, tant au point de vue hygrométrique qu'à celui de la protection contre l'intensité lumineuse.

Ainsi que je l'ai dit plus haut, toutes les plantes de cette famille sont pourvues d'organes de *Licopoli*. Je les ai observés, mais en moins grand nombre, et avec une sécrétion bien moins abondante, sur le *Statice Thouini*.

Il existe dans l'Afrique orientale une autre plante de la famille des Tamariscinées, le *Reaumuria hirtella*, qui sécrète un sel à propriétés hygroscopiques beaucoup plus accentuées encore que le calcaire des *Limoniastrum*.

J'ai cherché, mais sans succès, dans les déserts du sud oranais, le *Reaumuria vermiculata*, qui ne doit pas y exister. Il est à supposer que cette plante a des propriétés analogues à celles de sa congénère d'Arabie et d'Egypte, dont elle n'est probablement qu'une forme.

4° Sécrétion de matières cireuses et glutineuses.

A côté des sécrétions minérales destinées à absorber l'humidité, il en est d'autres qui ont pour but de paralyser dans une certaine mesure l'évaporation et la transpiration des plantes ; ce sont généralement des corps gras, cireux ou gommeux, tels qu'on en rencontre à la surface de beaucoup d'Ombellifères ; dans certaines Liliacées, telles que l'*Agave americana* importée en Afrique, et qui prospère surtout dans la province d'Oran ; telles aussi certaines espèces de la famille des Rutacées comme le *Fagonia glutinosa*, etc.

5° Développement exagéré du Parenchyme en substances de réserves.

Quelques familles sont privilégiées sous ce rapport. Elles profitent des saisons un peu humides pour accumuler en elles-mêmes des stocks souvent considérables ; les *Crassulacées*, par exemple, qui habitent de préférence les rochers, les vieux murs, les lieux très-secs, incapables de leur fournir en été la somme d'aliments nécessaires ; les Cactées, aux formes si extraordinaires ; certains Saxifrages ; parmi les Ombellifères, l'*Echinophora spinosa*, qui croît dans les sables du littoral méditerranéen ; les Salsolacées, les Crucifères elles-mêmes emploient ce procédé dans bien des cas. Sans parler des *Cakile*, des *Cochlearia*, qui sont des plantes marines, on peut indiquer les *Moricandia*, dont les feuilles, sans être comparables à celles des espèces précédentes, sont néanmoins très-riches en parenchyme.

6° Lignification des tiges et des rameaux[1].

Ce mode est très-fréquent parmi les plantes désertiques. Il a pour effet de ralentir considérablement les mouvements vitaux, en même temps qu'il atténue l'effet des radiations et qu'il diminue les surfaces de transpiration, puisque les éléments lignifiés sont généralement dépourvus de chlorophylle. Au hasard, je citerai les *Moricandia alypifolia* et *spinosa*, le *Marrubium deserti* qui forme, dans les sables du désert, des petits buissons de quinze à vingt centimètres de haut ; plusieurs espèces d'*Helianthemum*, etc. On peut également indiquer ici la formation, dans les feuilles, de tissus palissadiques, dont les cellules sont perpendiculaires au plan du limbe, et ne présentent ainsi que leur sommet.

7° Pour terminer, j'indique un mode de protection que je n'ai rencontré que chez une seule espèce, l'*Anabasis aretioides* : c'est la condensation des tiges et des rameaux en une masse compacte, formant un ensemble impénétrable. Le tout est recouvert de deux ou trois assises de petites feuilles imbriquées, charnues, cylindriques, épineuses et

1. Depuis la rédaction de cette note, ont paru : *Les Recherches sur les plantes à piquants*, par M. A. Lothelier (*Revue générale de Botanique*. t. V, livrais. des 15 novembre et 15 décembre 1893). Ce travail vient confirmer par l'expérimentation quelques-uns au moins des faits que j'ai signalés.

glauques, qui, en protégeant la plante contre l'évaporation, n'absorbent de radiation que juste le nécessaire.

Encore une fois, cette énumération n'est pas limitative. J'ai seulement voulu indiquer quelques-uns des moyens les plus saillants employés par les végétaux pour résister et vaincre dans la lutte pour la vie.

Encore n'ai-je abordé que les phénomènes provoqués par la sécheresse et la radiation, sans parler de la transformation qui s'opère presque toujours dans les tissus épidermiques et la structure des tiges. En somme, toutes les armes du règne végétal résident dans sa plasticité.

Les détails que je viens de donner ne sont pas très-nouveaux; mais ces faits ont au moins, à défaut d'autre mérite, celui d'avoir été observés sur place.

Et puis, il est des vérités que l'on ne saurait trop redire. La transformation des êtres en est une, et leurs modifications spontanées, si insignifiantes qu'elles puissent paraître, sont des arsenaux où le philosophe peut puiser des armes terribles. Il ne faut donc en négliger aucune. Telle est l'idée qui m'a toujours guidé dans mes recherches, qui m'a toujours inspiré dans mes travaux.[1]

Neuilly-sur-Seine, 1er octobre 1893.

1. Je signale ici aux personnes que ces questions pourraient intéresser un ouvrage actuellement en cours de publication chez l'éditeur Paul Klincksieck : c'est le *Manuel de Géographie botanique*, par le docteur Oscar Drude, traduit par Georges Poirault. Cet ouvrage, qui résume et complète ce qui a été écrit jusqu'alors sur la matière, promet d'être fort intéressant, en même temps qu'il parait appelé à rendre de grands services.

ROUEN. — IMPRIMERIE JULIEN LECERF.

www.ingramcontent.com/pod-product-compliance
Lightning Source LLC
LaVergne TN
LVHW012009160826
845678LV00002B/728

* 9 7 8 2 3 2 9 6 7 4 6 0 5 *